Avinash Rathod

Biologia floral e reprodutiva do noni (Morinda citrifolia L.)

Avinash Rathod

Biologia floral e reprodutiva do noni (Morinda citrifolia L.)

ScienciaScripts

Imprint

Cover image: www.ingimage.com

This book is a translation from the original published under ISBN 978-620-2-01450-2.

Publisher:
Sciencia Scripts
is a trademark of
Dodo Books Indian Ocean Ltd. and OmniScriptum S.R.L publishing group

120 High Road, East Finchley, London, N2 9ED, United Kingdom
Str. Armeneasca 28/1, office 1, Chisinau MD-2012, Republic of Moldova, Europe
Printed at: see last page
ISBN: 978-620-7-69164-7

Índice

RESUMO

O estudo da biologia floral e reprodutiva do noni (*Morinda citrifolia* L.) foi efectuado no âmbito do Centro de Culturas Forrageiras Agroflorestais e Cinturões Verdes da Universidade Agrícola de S.D., Sardarkrishinagar, durante o ano 2008-09.

A floração do noni foi contínua durante todo o ano, exceto em janeiro e fevereiro, e a partir do mês de março a floração aumenta. O período de pico da floração foi nos meses de julho e agosto. Depois disso, a intensidade da floração diminui. Observa-se que a flutuação da floração se deve a efeitos ambientais. As flores bissexuais de noni estavam dispostas em espigas solitárias ou em panículas terminais compostas por 1 ou 2 capítulos. As flores eram bissexuais com 5 estames livres, ovário monocarpelar, estilo filiforme e estigma truncado bífido com depressão central. Inicialmente eram branco-esverdeadas e finalmente tornaram-se amarelas. O desenvolvimento do capitulo foi completado dentro de 50 a 58 dias para a folha larga e 71 a 78 dias para a folha estreita. O volume do capitulo no noni variou entre 0,35 a 2 ml na planta de folha larga e 0,35 a 1,5 ml na planta de folha estreita. A cronologia de abertura das flores no capitulo foi muito sistemática. O botão inferior do capitulo, ou seja, os botões mais velhos, abrem primeiro, seguidos pelos botões seguintes. A antese dentro do capitulo completou-se dentro de 22 a 25 dias na planta de folha larga e 32 a 36 dias foram necessários para completar a antese dentro do capitulo na planta de folha estreita. A antese começou a partir das 5h30 e continuou até às 8h30 na planta de folha larga e das 7h00 às 14h00 na planta de folha estreita. A antese começou mais cedo quando a temperatura era baixa, mas a temperatura alta resultou em antese atrasada e duração mais curta da antese. A deiscência das anteras foi marcada por fendas longitudinais no meio do lóbulo da antera. Começou depois das 6:00 da manhã e continuou até às 15:00 na planta de folha larga e depois das 6:00 da manhã e continuou até às 13:00 na planta de folha estreita. A deiscência começou mais cedo quando a temperatura era alta, enquanto que no dia de baixa temperatura começou mais tarde e terminou mais cedo.

Os grãos de pólen eram de cor amarela, de forma prolata a subesferoidal. Não se observou qualquer alteração da forma em estado seco ou após montagem em óleo de anilina. No entanto, eram triangulares, convexos a subesferoidais em água destilada e acetocarmina, com três germporos. O tamanho dos grãos de pólen era de 32,18 x 28,14 μ, 29,4 x 27,07 μ, 35,13 x 22,14 μ em água destilada, acetocarmina e óleo de anilina, respetivamente. Observou-se a partir dos dados que a viabilidade do pólen variou de árvore para árvore entre 81,48 e 94,46 por cento e permaneceu consistente em diferentes datas de observação. A germinação máxima do pólen (20,45 por cento) e o comprimento do tubo polínico (97,34 μ) foram registados em 20 e 15 por cento de solução de sacarose, respetivamente. A solução de sacarose a 10 por cento de concentração com 0,005 por cento de ácido bórico resultou na germinação máxima (65,34 por cento) e no comprimento do tubo polínico (115,72 μ) com 15 por cento de solução de sacarose com adição de 0,005.

O estigma estava recetivo na altura da antese. Permaneceu recetivo durante todo o dia e a recetividade estigmática durou 12 a 15 horas após a abertura da flor.

Os frutos foram colocados em inflorescências ensacadas. Foram encontradas abelhas melíferas (*Apis floraea* e *Apis dorsata*) nas flores, que podem ser agentes de polinização cruzada. Os frutos de noni atingiram a maturidade em 46 a 50 dias e 59 a 65 dias para plantas de folha larga e de folha estreita, respetivamente. O número de frutos foi de 10 a 90 por planta nas plantas de folha larga, seguido de 15 a 35 nas plantas de folha estreita. Houve uma variação moderada a alta no número de frutos devido à variação na copa da planta. O volume dos frutos de noni variou de 12 a 35 ml e de 3 a 20 ml nas plantas de folha larga e de folha estreita, respetivamente, e o peso dos frutos foi de 22,94 e 7,0 gm nas plantas de folha larga e de folha estreita, respetivamente. O número de sementes variou de 137 a 295 e de 18 a 173, com uma média de 208 e 63,64 nas plantas de folha larga e de folha estreita, respetivamente. O teor de óleo na amêndoa de noni variou de 2,16 a 2,73 por cento. Foram necessários 45 a 60 dias para a germinação de sementes em meio MS. A maior percentagem de floração foi de junho a setembro e muito baixa no mês de dezembro. Não houve floração em janeiro e fevereiro, enquanto a percentagem de frutificação foi mais alta no mês de janeiro, seguida de fevereiro, março, dezembro, novembro e outubro, enquanto foi mínima em maio e junho.

CAPÍTULO - I

INTRODUÇÃO

Entre as plantas medicinais descobertas pelos antepassados dos polinésios, o noni é uma das plantas medicinais tradicionais mais importantes, utilizada há mais de 2000 anos na Polinésia (Mathivanan *et al.,* 2005). É designada botanicamente como *Morinda citrifolia* L. e pertence à subfamília Rubioideae da família Rubiaceae. O nome botânico do género foi derivado das duas palavras latinas *morus-mulberry* e *indicus-Indian*, em referência à semelhança do fruto do noni com o da amoreira verdadeira (*Morus alba*). O nome da espécie indica a semelhança da folhagem da planta com a de algumas espécies de citrinos. *A Morinda citrifolia* L. é originária da Malásia, da Austrália e da Polinésia (Brown, 1946). Tem a capacidade de se espalhar pelas ilhas tropicais através de sementes flutuantes e, no passado, foi cultivada na Índia e também no Sudeste Asiático

O género Morinda está distribuído por todo o mundo e foi registada a presença de 80 espécies diferentes (Morton, 1992). Na Índia, é amplamente cultivada em condições naturais na ilha de Andaman Nicobar. Pode ser observada em toda a região costeira ao longo de vedações e bermas de estradas, devido à sua grande adaptabilidade a ambientes agressivos. Na Índia, o seu cultivo começou muito recentemente numa área limitada sob irrigação como cultura geradora de rendimentos na área afetada pelo tsunami nas Ilhas Andaman, Tamil Nadu, Karnataka, Andhra Pradesh, Kerala, Maharashtra, Orissa e Gujarat.

O noni é uma pequena árvore ou arbusto de folha perene com 3-10 m de altura na maturidade. Por vezes, a planta suporta-se noutras plantas como uma liana. Existe uma grande variação na forma geral da planta, no tamanho dos frutos, no tamanho e morfologia das folhas, na palatabilidade, no odor dos frutos maduros e no número de sementes por fruto.

As flores são perfeitas, com cerca de 75-90 em cabeças ovóides a globosas. Os pedúnculos têm 10-30 mm de comprimento, o cálice tem um bordo truncado. A corola é branca, com 5 lóbulos, o tubo branco esverdeado, com 7-9 mm de comprimento, os lóbulos oblongo-deltados, com cerca de 7 mm de comprimento. Há cinco estames, pouco excertos e o estilete tem cerca de 15 mm de comprimento. As folhas são opostas, com nervuras pinadas e brilhantes. As lâminas são membranosas, elípticas a elípticas ovadas, com 20-45 cm de comprimento, 7-25 cm de largura e glabras. Os pecíolos são robustos, com 1,5-2 cm de comprimento. As estípulas são conadas ou distintas, com 1-1,2 cm de comprimento, o ápice inteiro ou 2-3-lobado. O fruto (tecnicamente conhecido como sincarpo) é branco-amarelado, carnudo, com 5-10 cm de comprimento, cerca de 3-4 cm de diâmetro e macio e fétido quando maduro. As sementes têm uma câmara de ar distinta e podem manter a viabilidade mesmo depois de flutuarem na água durante meses. A madeira do noni é de cor amarelada e os frutos têm um odor desagradável único e distinto quando maduros. A taxa de crescimento é moderada, geralmente 0,75-1,5 metros por ano, diminuindo à medida que a árvore atinge a maturidade (Nelson, 2006).

Nelson (2003) referiu que a floração e a frutificação são contínuas ao longo do ano. A flutuação da floração e da frutificação pode ocorrer devido a efeitos sazonais (temperatura, precipitação, intensidade e duração da luz solar). Este facto também é referido por Little e Wadsworth (1964).

As folhas, os frutos, os caules e as raízes são utilizados em várias preparações medicinais, protocolos de cura e métodos de tratamento em toda a região do Pacífico (Nelson, 2006).

Muitas partes da planta têm sido utilizadas tradicionalmente para fins medicinais ou como fonte de alimento - frutos, flores, sementes, cascas e raízes - todas pelas suas propriedades medicinais individuais e todas com os seus próprios métodos particulares de preparação. Nenhuma parte desta planta parece ser desperdiçada. Os feiticeiros e curandeiros utilizam as folhas de noni como ligaduras para as feridas, ajudando a cicatrização a ser mais rápida. Os frutos verdes eram esmagados e o sumo extraído como remédio para lesões ou feridas. A raiz e a casca são utilizadas para tratar inflamações e infecções. Cada país tinha a sua própria forma de utilizar esta planta fantástica para as necessidades e desejos do seu povo. Febres, doenças de pele, problemas respiratórios, problemas gastrointestinais, problemas menstruais e urinários, diabetes e doenças venéreas são apenas algumas das doenças que se diz que este fruto cura.

Os defensores modernos afirmam que o fruto noni e o seu sumo podem ser utilizados para tratar o cancro, a diabetes, as doenças cardíacas, o colesterol, a tensão arterial elevada, a SIDA, o reumatismo, a psoríase, as alergias, as infecções e as inflamações. Alguns acreditam que o fruto pode aliviar infecções sinusais, cólicas menstruais, artrite, úlceras, entorses, lesões, depressão, senilidade, má digestão, aterosclerose, dependência, constipações, gripe e dores de cabeça. Afirma-se ainda que o sumo pode curar arranhões na córnea do olho. No entanto, não existem provas científicas de que o sumo de noni seja eficaz na prevenção ou tratamento do cancro ou de qualquer outra doença nos seres humanos (Wang *et al.*, 2002). Embora os estudos em animais e em laboratório tenham mostrado alguns efeitos positivos, os estudos em humanos estão apenas a começar. Estão também a decorrer investigações para isolar vários compostos encontrados na planta noni, de modo a que possam ser efectuados mais testes para descobrir se podem ser úteis para os seres humanos. Uma das utilizações mais comuns do noni hoje em dia é como sumo de fruta. O fruto é comestível, embora o seu cheiro bastante desagradável e o seu sabor amargo sejam desagradáveis e, por esta razão, a planta não é muito cultivada em jardins. No entanto, é útil para o controlo da erosão costeira.

Apesar dos seus usos múltiplos na medicina, existe pouca informação sistemática disponível sobre o mecanismo de polinização e o sistema de reprodução. Para realizar qualquer programa de melhoramento de espécies vegetais, é imperativo que o criador se dote de informações sobre a biologia floral. Propõe-se a realização da seguinte investigação, intitulada "Biologia floral e reprodutiva do noni", com os seguintes objectivos

Objectivos

1. Estudar o comportamento da floração no que respeita ao hábito de floração e ao desenvolvimento do botão floral.
2. Estudar a antese, a deiscência e a recetividade do estigma.
3. Estudo polínico no que respeita à morfologia, fertilidade e germinação do pólen.
4. Estudar o modo de polinização e estudar a frutificação e o desenvolvimento dos frutos.
5. Estimativa do teor de óleo na amêndoa e estudo da germinação das sementes.

CAPÍTULO - II

REVISÃO DA LITERATURA

O noni é uma planta medicinal importante. A maioria das partes da planta é utilizada como medicamento, como no tratamento da malária, febrífugo geral e analgésico (chá das folhas); laxante (todas as partes da planta); iterícia (decocções da casca do caule); hipertensão (extrato de folhas, frutos ou casca); furúnculos e carbúnculos (cataplasma de frutos); úlceras estomacais (óleos dos frutos); inseticida para o couro cabeludo (óleo de sementes); tuberculose, entorses, contusões profundas, reumatismo (cataplasmas de folhas ou frutos); dores de garganta (gargarejar um puré de frutos maduros); vermes corporais ou intestinais (frutos frescos inteiros); laxante (sementes); febre (cataplasma de folhas); cortes e feridas, abcessos, infecções da boca e das gengivas, dores de dentes (frutos); chagas (flores ou vapor de folhas partidas); dores de estômago, fracturas, diabetes, perda de apetite, doenças das vias urinárias, inchaço abdominal, hérnias, picadas de peixes-pedra e deficiência humana de vitamina A (folhas).

No melhoramento moderno de plantas, a hibridação entre progenitores escolhidos deliberadamente tem-se tornado cada vez mais importante. O conhecimento da biologia floral é essencial para efetuar cruzamentos bem sucedidos, enquanto que a biologia reprodutiva das espécies tem um papel importante na determinação do procedimento mais específico que é suscetível de ser bem sucedido. No entanto, foram iniciados poucos trabalhos sistemáticos sobre a biologia floral e reprodutiva desta espantosa planta medicinal e, como resultado, estes aspectos são escassos.

A literatura relativa à *Morinda citrifolia* (L.) foi revista nas seguintes rubricas.

2.1 Biologia floral e reprodutiva

2.1.1 Morfologia da flor

2.1.2 Duração e hábito de floração

2.1.3 Morfologia do pólen

2.1.4 Viabilidade do pólen

2.1.5 Germinação de pólen

2.1.6 Recetividade ao estigma

2.1.7 Modo de polinização e desenvolvimento dos frutos

2.1 Biologia floral e reprodutiva

O estudo da estrutura floral e do seu desenvolvimento, incluindo a biologia, é de grande importância na investigação genética moderna. O conhecimento da biologia floral é o primeiro e principal passo no domínio do melhoramento aplicado de plantas/árvores. O conhecimento dos aspectos acima referidos ajuda a definir as estratégias e os métodos de melhoramento adequados para obter os melhores resultados possíveis. Além disso, ajuda o investigador a ter uma ideia relacionada com o modo e a altura da polinização e outras características importantes como os dias até à maturidade das vagens, o número de vagens, a relação flor/fruto, etc.

2.1.1Morfologia da flor

Murray (1989) relatou que *Luculia gratissima* (Rubiaceae) é distílica com posicionamento complementar de anteras e estigmas nas duas formas florais. Características incomuns de distyly nesta espécie incluem o maior tamanho da corola, a superfície do estigma e as papilas estigmáticas nas flores thrum em comparação com as flores pin.

Nelson (2003) relatou que as flores do noni são perfeitas com cerca de 75-90 em cabeças ovóides a globosas. Os pedúnculos têm 10-30 mm de comprimento, o cálice tem um bordo truncado. A corola é branca, com 5 lóbulos, o tubo é branco-esverdeado, com 7-9 mm de comprimento, os lóbulos são oblongos e delgados, com cerca de 7 mm. Os estames são cinco, pouco excertados e o estilete tem cerca de 15 mm de comprimento.

Tun *et al.* (2006) compilaram informações sobre as flores de *M. citrifolia* que são ebracteoladas, pediceladas, bissexuais, actinomorfas, pentâmeras e epífinas. Cálice sinsépalo, o tubo ou hipanto urceolado, adnado ao ovário e basalmente adnado aos outros tubos. Corola sin-pétala, com 5 lóbulos, infundibuligorm, os lóbulos são lanceolados, agudos e glabros. Garganta pubescente e branca, androceu poliândrico, 5 estames, epipétalos, filamentos curtos, peludos, anteras ditiocóricas, oblongoides, introrsas, deiscência longitudinal. 1 Pistilo, 2 carpelado, sincarpado, 2 loculado, placentação axilo-basal, óvulo solitário em cada loculado, um estilo, delgado com 2 ramos estigmáticos lineares. Inflorescências em cimas dicisais, condensadas e agregadas em cabeças, suportadas em pedúnculos, a cabeça elipsoide e solitária

2.1.2Duração e hábito de floração

Piedade e Ranga (2003) observaram que a *Manettia inflata*, que é uma planta perene, produz flores ao longo de todo o ano, sendo maior em maio-junho, ocorre de manhã (7.00 - 8.00 hr) e à tarde (13.00 -14.00 hr).

Nelson (2003) relatou que a floração e a frutificação são contínuas ao longo do ano na *Morinda citrifolia.* As flutuações na floração e frutificação podem ocorrer devido a efeitos sazonais (temperatura, precipitação, intensidade e duração da luz solar).

2.1.3Morfologia do pólen

Os grãos de pólen têm uma forma definida (morfologia) e uma função (fisiologia). A interligação bem sucedida destes factores conduz ao sucesso da biologia da fertilização. A morfologia do pólen pode ser usada para distinguir muitos géneros de plantas e tem provado ser de valor crescente para o taxonomista e o paleontólogo. (Erdtman, 1952; Natrajan, 1957).

D'Hondt *et al.* (2004), trabalhando com a tribo Hillieae de Rubiaceae, observaram que o pólen é 3-zonocolporado com uma sexina perfurada, microreticulada, reticulada ou eutectada. Nas duas espécies de Blepharidium, no entanto, o pólen tem uma, quatro ou cinco aberturas.

2.1.4Viabilidade do pólen

Estão a ser utilizados diferentes testes para determinar a viabilidade do pólen, mas o teste da acetocarmina é o mais antigo e o melhor (Sharma, 1967). Os pólenes são considerados viáveis desde que possam ser corados com acetocarmina.

Souza, *et al.* (2006) trabalharam com estudos reprodutivos em ipeca (*Cephaelis ipecacuanha* (Brot.) A. Rich; Rubiaceae): comportamento meiótico e viabilidade polínica. A viabilidade polínica foi analisada por meio da solução de Alexander.

2.1.5Germinação de pólen

A germinação artificial do pólen tem atraído a atenção dos botânicos desde que o tubo polínico foi observado pela primeira vez por Amici (1824). Os pólenes em germinação são classificados em três classes: os que requerem apenas água para germinar, os que requerem uma solução muito diluída de um determinado produto químico e os que germinam numa solução de açúcar de concentração definida (Jost, 1906)

Munzner (1960) afirmou que a estimulação do crescimento do tubo polínico pelo ácido bórico está estabelecida em mais de 60 espécies de angiospérmicas, com poucas excepções em termos de germinação.

Hirenath *et al.* (1996) relataram que a percentagem máxima de germinação de pólen foi observada em solução de sacarose a 15% com 200ppm de ácido bórico em *Simaraouba glauca*

Joshi e Joshi (2002) relataram que cerca de 90% do pólen germinou em meio artificial com 15% de sacarose e 200ppm de combinação de ácido bórico em *Simaraouba glauca.*

2.1.6Recetividade ao estigma

Cephalanthus occidentalis L., que pertence à família Rubiaceae, é protândrica e apresenta pólen secundariamente na superfície do estigma. Os estigmas eram inicialmente pouco receptivos, mas tornaram-se receptivos no segundo dia após a abertura da flor. (Imbert e Richards, 1993)

2.1.7Modo de polinização e desenvolvimento dos frutos

O noni é uma pequena árvore perene que produz frutos compostos caulifloros com um odor pronunciado a "queijo rançoso" quando maduros (Cribb e Cribb 1975).

As sementes de Noni têm um grande saco de ar e uma fossa nas células da testa da semente que lhes confere a sua flutuabilidade (Guppy, 1917 e Hayden e Dwyer, 1969)

Cardoso de Castro *et al.* (2004), trabalhando com polinizadores disjuntos e seqüenciais de *Psychotria nuda* (Rubiaceae) na Mata Atlântica, Brasil, relataram que os beija-flores *Ramphodon naevius* e as fêmeas de *Thalurania glaucopis* foram os principais polinizadores de *Psychotria nuda.*

SanMartin (2004) relatou que, os picos e padrões de intensidade de frutificação foram diferentes entre as espécies de Rubiaceae estudadas e diferiram significativamente das espécies conspecíficas nas variáveis fenológicas duração da frutificação, data do pico de frutificação e sincronia de frutificação

Mathivanan *et al.* (2005) relataram que o ovário é inferior, estreitamente abovóide, a placenta é reduzida e um óvulo por lóculo é basicamente inserido. O fruto é um sincarpo globoso densamente agrupado e carnudo. As sementes são verticais, de tamanho médio, ovóides a obovóides ou reniformes sem asas no género *Morinda.*

Silva *et al.* (2006) relataram que o desenvolvimento do fruto do cafeeiro, abrangendo o tempo entre a antese e a maturação completa, varia de algumas semanas a mais de um ano.

Fruto de muitas bagas agregadas numa cabeça carnuda, de forma irregular, glauco, verde pálido, esbranquiçado quando maduro; sementes ovóides, testa membranosa, endosperma carnudo. O fruto é branco-esverdeado a amarelo-pálido e os frutos carnudos são sincarpos ovóides ou globosos, com 5 a 13 cm de comprimento e um número de sementes de cerca de 4 mm. As características morfológicas que unem as espécies num só género incluem sincarpos ou capítulos (frutos agregados) formados a partir de ovários parcialmente conados e tricolporados. O sincarpo pode ser carnudo e cada sincarpo é provavelmente derivado da condensação de umbelas de flores separadas. Os resultados do estudo sobre o crescimento e o desenvolvimento de *Morinda citrifolia* em termos de crescimento do fruto podem ser divididos em três fases: fase I, II e III. Observou-se que o crescimento geral do fruto foi lento durante as fases I e III, o que pode ser atribuído à divisão celular (fase I) e ao atraso do crescimento do pericarpo devido ao rápido endurecimento do endocarpo (fase III). O crescimento rápido e a formação e desenvolvimento de sementes foram observados na fase II (Singh *et al.,* 2007).

West *et al.* (2008) referiram que a qualidade nutricional do óleo extraído das sementes de noni (*Morinda citrifolia*) foi avaliada para determinar o seu potencial como óleo vegetal útil. O teor médio de óleo das sementes de noni foi de 12,49 por cento.

CAPÍTULO - III

MATERIAIS E MÉTODOS

Os pormenores dos materiais utilizados e do método adotado no decurso das presentes investigações são descritos no presente capítulo sob os seguintes títulos.

3.1. Sítio experimental

A presente investigação, intitulada "Estudos sobre a biologia floral e reprodutiva do noni (*Morinda citrifolia*)", foi realizada no Centro de Culturas Forrageiras Agroflorestais e Cinturões Verdes, Universidade Agrícola de S.D., Sardarkrishinagar.

3.2. Clima e condições meteorológicas

Sardarkrushinagar situa-se geograficamente a 24^0 -19' de latitude norte e 72^0 19' de latitude leste, com uma altitude de 154,52 metros acima do nível médio do mar. As condições climáticas da área representam a região subtropical com clima semi-árido. Este centro está localizado na zona agroclimática de Gujarat Norte, no estado de Gujarat.

Em geral, a monção nesta região começa em meados de junho. A maior parte da precipitação provém da monção do sudoeste, concentrando-se nos meses de julho e agosto. A precipitação média anual é de 500 mm. A humidade relativa matinal varia entre 50 e 90% durante o ano, mas é máxima em julho e agosto.

A temperatura média máxima e mínima observada durante a estação de inverno é de $28,72^0$ C e $19,2^0$ C, respetivamente. A temperatura média mensal máxima e mínima para a estação de inverno varia entre $21,8\text{-}35,5^0$ C e $9,1\text{-}29,2^0$ C, respetivamente.

A temperatura máxima e mínima observada durante o verão é de $32,1^0$ C e $26,2^0$ C, respetivamente. A temperatura média mensal máxima e mínima para o verão varia entre $23,5\text{-}40,6^0$ C e $16,6\text{-}35,8^0$ C, respetivamente.

Em geral, a monção é quente com humidade moderada, o inverno é fresco e seco, enquanto o verão é bastante seco e quente. A velocidade média mensal do vento nesta estação varia entre 4,1 e 11 km/h. Os invernos são geralmente calmos e as rajadas de vento máximas registam-se durante junho-julho.

Os dados meteorológicos mensais médios sobre a temperatura mínima e máxima, a humidade relativa, a precipitação e a velocidade do vento durante o período de experimentação são apresentados no Apêndice I.

3.3. Materiais vegetais

Foram utilizadas dez plantas aleatórias com um ano de idade, de folha larga e estreita, da plantação de *Morinda citrifolia* no Centro de Agroflorestação, Culturas Forrageiras e Cinturões Verdes, Universidade Agrícola de S.D., Sardarkrushinagar.

3.4. Observações registadas

3.4.1 Biologia floral

3.4.1.1 Duração e hábito de floração

Foram registadas as observações relativas à duração, ou seja, o tempo entre o aparecimento do primeiro e do último botão de flor e o hábito de floração, tanto nas plantas de folha larga como nas de folha estreita.

3.4.1.2 Desenvolvimento do capitulo

Para o estudo do desenvolvimento do capitulo, foram marcados dez capitulos emergentes. O período entre a emergência do capitulo e o início da abertura das flores dentro do capitulo foi registado e considerado como o tempo necessário para completar o desenvolvimento do capitulo. Os capitulos emergentes marcados foram observados regularmente durante o seu período de desenvolvimento e o número de racemos finalmente desenvolvidos foi registado e calculado como percentagem de racemos desenvolvidos.

3.4.1.3 Volume do capitulo e flores por capitulo

Para determinar a amplitude e a média do volume do capitulo, do número de ramos e de flores por capitulo, foram seleccionados aleatoriamente 10 capitulos bem desenvolvidos de cada 10 plantas de folhas estreitas e largas e o seu volume, bem como o número de ramos e de flores por capitulo foram registados e calculada a média.

Para conhecer a relação entre o volume do capitulo e o número de flores por capitulo, foram calculados os coeficientes de correlação entre estas características de acordo com o método sugerido por Cochran e Cox (1957).

3.4.1.4 Morfologia da flor

As observações foram registadas em dez flores de folhas largas e estreitas, colhidas ao acaso, e o seu aspeto físico foi avaliado.

3.4.1.5 Antese

(a) Tempo necessário para completar a antese e cronologia da abertura das flores no capitulo

Foram marcados dez capítulos bem desenvolvidos, nos quais as flores susceptíveis de se abrirem no dia seguinte, em cada uma das dez plantas de folha larga e estreita. A partir do dia seguinte, os capítulos marcados foram observados à noite até que a antese se completasse em todos os capítulos. O número de dias necessários para completar a antese em todos os capítulos foi registado. Para estudar a cronologia da abertura das flores, os capítulos previamente marcados foram observados no dia seguinte de manhã e anotou-se a localização das primeiras flores abertas, ou seja, na base, no meio ou no topo do racemo. Este procedimento foi repetido duas vezes durante o período de floração.

(b) Tempo e modo de antese

O número de flores em 10 capítulos de plantas de folhas largas e estreitas foi observado diariamente e o registo foi feito a intervalos de meia hora a partir do momento da abertura da primeira flor até à última flor em cada capítulo aberto durante uma semana e calculado numa base percentual. O modo de antese também foi observado minuciosamente e registado.

3.4.1.5 Deiscência

Para estudar a deiscência das anteras, o momento da deiscência foi anotado de forma aproximada e foi observado regularmente durante uma semana em flores abertas de 10 capítulos de ambos os tipos de plantas, com um intervalo de uma hora, e o número de anteras deiscentes foi registado e calculado em percentagem. O modo de rebentamento das anteras foi estudado com a ajuda de uma lente manual.

3.4.2Estudos de pólen

Os pólenes foram recolhidos em petrechos da flor em que se iniciou a antese. O estudo polínico foi efectuado sob os seguintes aspectos:

3.4.2.1 Morfologia do pólen

As observações relativas às características morfológicas dos grãos de pólen frescos, nomeadamente o tamanho, a forma e a cor dos pólenes, foram efectuadas através da montagem em água destilada, óleo de anilina e acetocarmina. Depois de montados, foram examinados ao microscópio após alguns minutos. O tamanho do grão de pólen foi medido com a ajuda de um micrómetro ocular a partir de uma média de 100 pólens em cada caso. O número de germporos foi registado ao microscópio de alta potência (10 x 40) em campos variados.

3.4.2.2 Viabilidade do pólen

A viabilidade do grão de pólen foi determinada pelo teste de coloração com acetocarmina. Os grãos de pólen de anteras recém-desistidas foram colhidos em vidro de relógio com a ajuda de um pincel fino e, em seguida, foram montados em cepa de acetocarmina. Os grãos de pólen viáveis ficaram profundamente corados, enquanto os não viáveis permaneceram sem coloração, amarelados e enrugados. A fim de reduzir o erro, foram observados vários campos aleatórios em toda a lâmina, perfazendo um total de cerca de 500 grãos de pólen. A experiência foi repetida duas vezes com um intervalo de 15 dias.

3.4.2.3 Germinação de pólen

A germinação do pólen foi estudada em solução de sacarose de diferentes concentrações (5, 10, 15, 20, 25 e 30%) com 0,01 e 0,02% de ácido bórico à temperatura ambiente pelo método da gota suspensa. Foi colocada uma gota de meio de cultura no centro da lamela e os grãos de pólen colhidos de anteras recém-desistidas foram polvilhados sobre ela. A lamela foi invertida sobre a cavidade da lâmina esterilizada. As lâminas finalmente preparadas foram mantidas em hastes de vidro dentro de petridishes contendo papel absorvente de humidade no fundo. As observações sobre a germinação do pólen e o comprimento do tubo polínico foram registadas em vários campos após 24 horas e a germinação do pólen foi calculada em percentagem.

3.4.3Recetividade ao estigma

A recetividade do estigma foi estudada por método visual. Os estigmas brancos, húmidos, brilhantes e lustrosos foram considerados receptivos, enquanto os estigmas insalubres, secos e de cor baça foram considerados não receptivos.

3.4.4Biologia da reprodução

3.4.4.1 Modo de polinização e percentagem de frutificação

Para estudar o modo de polinização, cinco capítulos de cada uma das 10 plantas de folhas estreitas e largas foram marcados e outros cinco foram fechados com sacos de papel perfurados. O número de frutos por capítulo foi registado em cada caso. Também foi registado o número de frutos maduros por capítulo em cada caso. Considerando o número médio de flores por capítulo, foi calculada a percentagem de frutificação.

3.4.4.2 Desenvolvimento dos frutos

Foram marcadas dez flores fertilizadas em cada dez plantas, isto é, de folhas estreitas e largas, nas quais o ovário começou a alargar-se ou a iniciar o desenvolvimento dos frutos. Os frutos que atingiram a maturidade foram registados e calculados como percentagem de frutos finalmente desenvolvidos e o número de dias necessários para atingir a maturidade foi registado.

3.4.4.3 Germinação de sementes

As sementes recém-colhidas e despolpadas foram colocadas em petridish em papel de germinação húmido no fundo do petridish à temperatura ambiente e a rega foi feita conforme necessário. O número de sementes germinadas foi observado após um intervalo de cinco dias e expresso em percentagem.

3.4.4.4 Teor de óleo

O teor de óleo da amêndoa foi determinado pelo método Soxhlet (Mehta e Lodha, 1979)

3.5 Análise estatística

3.5.1Gama

É a diferença entre o valor mais baixo e o valor mais alto de cada carácter.

3.5.2Média

O valor médio de cada carácter foi calculado dividindo o total geral pelo número correspondente de observações.

3.5.3Erro padrão média

O erro padrão da média foi calculado com a ajuda do desvio padrão.

CAPÍTULO - IV

RESULTADOS E DISCUSSÃO

Foi realizada uma experiência durante 2008-09 no Centro de Culturas Forrageiras Agroflorestais e Cinturões Verdes, S.D. Agricultural University, Sardarkrishinagar, para estudar a "Biologia floral e reprodutiva do noni (*Morinda citrifolia* L.)".

4.1 Biologia floral

4.1.1Duração e hábito de floração

A floração do noni é contínua ao longo de todo o ano, mas nos meses de janeiro e fevereiro a floração é muito reduzida ou nula, aumentando a partir do mês de março. O período de maior floração ocorre nos meses de julho e agosto. Depois disso, a intensidade da floração diminui. Observa-se que a flutuação da floração se deve a efeitos ambientais. Nelson (2003) relatou que a floração e a frutificação são contínuas ao longo do ano na *Morinda citrifolia.* As flutuações na floração e na frutificação podem ocorrer devido a efeitos sazonais (temperatura, precipitação, intensidade e duração da luz solar). Piedade e Ranga (2003) também referiram que a *Manettia inflata*, que é uma planta perene, produz flores durante todo o ano. Os presentes resultados são semelhantes aos resultados obtidos por estes trabalhadores.

As flores bissexuais do noni estavam dispostas em espigas solitárias ou em panículas terminais constituídas por 1 ou 2 capitulos (Placa 3 e 4).

Placa 1: Aspeto geral da Noni (folha redonda)

Placa 2: Aspeto geral do noni (folha oblonga)

Placa 3: Hábito de floração em Noni (folha redonda)

Prato 4: Hábito de floração do noni (folha oblonga)

4.1.2Desenvolvimento do capitulo

Para o estudo do desenvolvimento do capitulo, foram marcados dez capitulos emergentes em cada uma de dez plantas, tanto nas plantas de folhas estreitas como nas de folhas largas, e observados durante todo o período de desenvolvimento, tendo sido registado o número de dias necessários para iniciar a abertura das flores em todos os capitulos marcados. O número de capítulos finalmente desenvolvidos foi registado e calculado em percentagem. Os resultados são apresentados no Quadro 1a e 1b e mostrados nas Placas 5 e 6.

A Tabela-1a e 1b mostra claramente que foram necessários 50 a 58 dias para as folhas largas e 71 a 78 dias para as folhas estreitas para o desenvolvimento do capitulo e que houve pouca variação de planta para planta no número de dias necessários para o desenvolvimento do capitulo. De 100 capitulos marcados, apenas 26% em plantas de folhas largas e 25% em plantas de folhas estreitas finalmente se desenvolveram. É evidente nas Placas 5 e 6 que os novos capitulos emergentes eram compactos e de cor verde escura, aumentando gradualmente de comprimento. A flor foi observada após 30 dias de emergência na planta de folha larga e 50 dias de emergência na planta de folha estreita, e depois os capitulos aumentaram gradualmente de tamanho. O volume do capitulo aumentou após 43 dias na planta de folha larga e 53 dias na planta de folha estreita. A flor até esta fase era verde escura em ambas as plantas. Depois disso, houve um ligeiro aumento no volume do capítulo e as flores tornaram-se verde-escuras, branco-esverdeadas e, finalmente, branco-creme, tanto na planta de folha larga como na planta de folha estreita, após 50 a 80 dias e 71 a 78 dias, respetivamente.

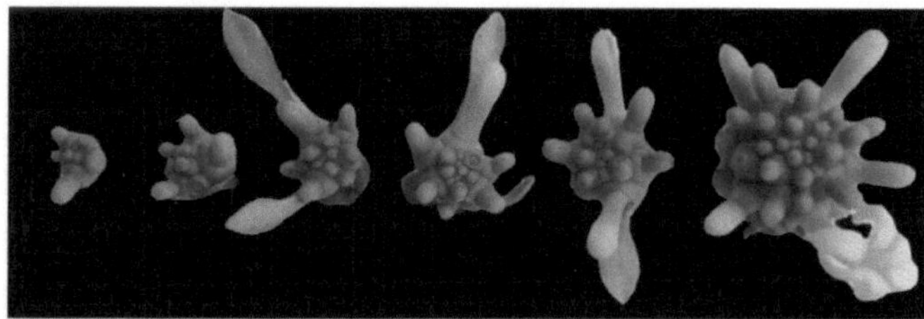

Placa 5: Diferentes fases de desenvolvimento do capitulo em Noni (folha redonda)

Placa 6: Diferentes fases de desenvolvimento do capitulo em Noni (folha oblonga)

Tabela 1a: Número de dias necessários para o desenvolvimento do capitulo em noni (*Morinda citrifolia* L.) [Folha larga]

Número da planta	N.º de gomos marcados antes do desenvolvimento do capitulo	N.º de capitulos desenvolvidos	Percentagem de capitulo desenvolvido	Dias necessários para o desenvolvimento do capitulo	Dias médios necessários para o desenvolvimento do capitulo
				(Gama)	
1	10	4	40	50-55	52.5
2	10	3	30	51-54	52.5
3	10	1	10	50	50.0
4	10	6	60	50-55	52.5
5	10	1	10	51	51.0
6	10	3	30	51-53	52.0
7	10	2	20	50-54	52.0
8	10	5	50	50-58	54.0
9	10	0	0	0	0.0
10	10	1	10	53	53.0
	Média	2.6	26	-	-

Tabela No. 1b: Número de dias necessários para o desenvolvimento do capitulo em noni (*Morinda citrifolia* L.) [Folha estreita]

Número da planta	N.º de gemas marcadas antes do desenvolvimento do capitulo	N.º de capitulos desenvolvidos	Percentagem de capitulo desenvolvido	Dias necessários para o desenvolvimento do capitulo	Dias médios necessários para o desenvolvimento do capitulo
				(Gama)	
1	10	2	20	72-75	73.5
2	10	3	30	72-73	72.5
3	10	3	30	75	75.0
4	10	5	50	71-78	74.5
5	10	1	10	76	76.0
6	10	2	20	71-76	73.5
7	10	4	40	74-78	76.0
8	10	1	10	75	75.0
9	10	3	30	72-75	73.5
10	10	1	10	75	75.0

	Média	2.5	25	-	-

4.1.3Volume do capitulo e flores por capitulo

As observações relativas ao volume do capitulo e ao número de flores por capitulo foram registadas em 10 capitulos seleccionados aleatoriamente de 10 plantas de folhas estreitas e largas. Os resultados obtidos são apresentados nos quadros 2a e 2b.

A análise dos dados revelou que o volume médio do capítulo foi máximo na planta nº 2 (2 ml) de folha larga e na planta nº 10 (1,5 ml) de folha estreita e mínimo nas plantas nº 3 (0,35 ml) e 9 (0,35 ml) de folha larga e de folha estreita, respetivamente. O volume do capítulo do noni variou entre 0,35 e 2 ml na planta de folha larga e 0,35 e 1,5 ml na planta de folha estreita.

A planta noni é uma planta de floração contínua e as flores são observadas continuamente no capitulo até ao desenvolvimento do fruto.

Tabela 2a: Volume do capitulo em noni (*Morinda citrifolia* L.) [Folha larga]

Número da planta	Volume do capitulo
1	0.65
2	2
3	0.35
4	0.75
5	1.25
6	1.1
7	0.9
8	0.7
9	0.8
10	0.7
Média	0.92

Tabela 2b: Volume do capitulo em noni (*Morinda citrifolia* L.) [Folha estreita]

Número da planta	Volume do capitulo
1	0.8
2	0.53
3	0.52
4	0.95
5	0.4
6	0.7
7	0.6

8	0.45
9	0.35
10	1.5
Média	0.68

4.1.4Antese

a. Tempo necessário para a antese completa e cronologia da abertura da flor no capitulo

Foram marcados dez capitulos bem desenvolvidos em cada uma de dez plantas para estudar a cronologia da abertura da flor, bem como o número de dias necessários para completar a antese no capitulo, tanto em plantas de folha larga como de folha estreita.

Como é evidente na Tabela-3a e 3b, a antese dentro do capitulo completou-se dentro de 22 a 25 dias em plantas de folhas largas. Houve pouca ou nenhuma variação de planta para planta para o número médio de dias necessários para completar a antese dentro do capítulo. Nas plantas de folhas estreitas, foram necessários 32 a 36 dias para completar a antese no capítulo. A variação foi pequena a moderada. Isso pode ser devido ao tempo necessário para o desenvolvimento do botão, que estava em vários estágios de desenvolvimento no momento da abertura da primeira flor no capítulo, bem como às condições climáticas durante esse período.

Quadro 3a: Número de dias necessários para a antese completa e cronologia de abertura das flores no capitulo em noni (*Morinda citrifolia* L.) [Folha larga]

Planta. Número	Flores observadas	Flores desenvolvidas	Número de dias necessários para a antese completa
1	10	10	22-23
2	10	10	22-24
3	10	9	22-23
4	10	10	22-25
5	10	10	23-24
6	10	8	22-24
7	10	10	22-23
8	10	10	22-24
9	10	10	22-25
10	10	10	23-24

Quadro 3b: Número de dias necessários para a antese completa e cronologia da abertura das flores no capitulo em noni (*Morinda citrifolia* L.) [Folha estreita]

Planta. Número	Flores observadas	Flores desenvolvidas	Número de dias necessários para a antese completa
1	10	8	32-34
2	10	10	33-35
3	10	10	32-36
4	10	10	32-34
5	10	9	33
6	10	7	32-33
7	10	10	32-35
8	10	10	33-35
9	10	8	32-33
10	10	10	32-34

A cronologia da abertura das flores no capitulo foi muito sistemática. O botão inferior do capitulo, ou seja, o mais velho, abre primeiro, seguido dos botões seguintes.

b. Modo de antese

O botão floral maduro pode ser facilmente distinguido pela sua aparência em tamanho e forma. O botão floral estava ligeiramente expandido no ápice no dia da antese. O primeiro sinal de antese é indicado pelo aparecimento de uma fenda longitudinal no ápice da corola com o aparecimento do estame. Subsequentemente, a fenda alarga-se até ao meio do botão e, lentamente, uma após outra ou simultaneamente, cinco pétalas do botão separam-se e 5 estames tornam-se visíveis. Depois, as cinco pétalas separadas da corola abriram-se e curvaram-se gradualmente para baixo. Este processo foi completado dentro de 4 a 6 horas em plantas de folhas largas e 5 a 7 horas em plantas de folhas estreitas. As diferentes fases da antese foram mostradas nas Placas 7 e 8

c. Altura da antese

As observações relativas à hora da antese nas plantas de folhas largas e estreitas foram registadas durante uma semana, ou seja, de 23rd de abril a 29th de abril de 2009, diariamente, em cerca de 25 capítulos, com um intervalo de meia hora entre as 5h00 e as 9h00 para as plantas de folhas largas e entre as 5h00 e as 15h00 para as plantas de folhas estreitas. A fim de descobrir a possível relação entre a temperatura e a humidade, foram também registadas observações meteorológicas para este período, que são apresentadas nos quadros 4a e 4b, juntamente com a abertura das flores.

É evidente nos quadros 4a e 4b que a antese teve lugar de manhã. Começou depois das 5:30 da manhã e continuou até às 8:30 da manhã nas plantas de folha larga e

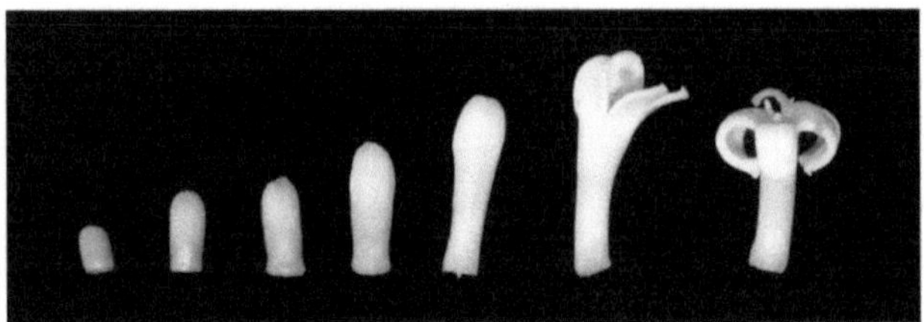

Placa 7: Diferentes fases da antese em Noni (folha larga)

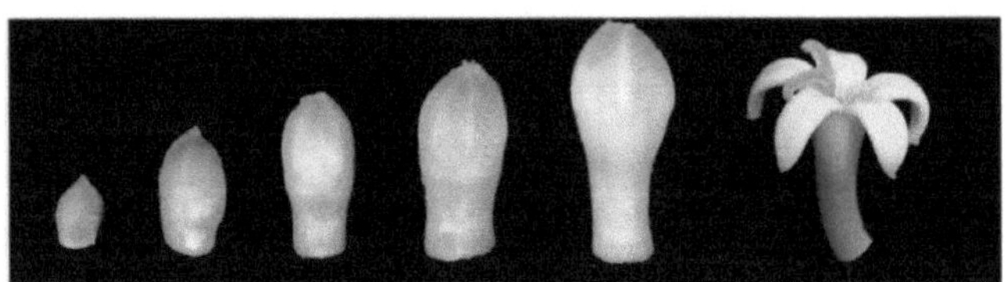

Placa 8: Diferentes fases da antese em Noni (folha estreita)

7:00 às 14:00 em plantas de folhas estreitas. No entanto, houve um efeito acentuado da temperatura na antese. Como é evidente na Tabela-4a e 4b, a percentagem máxima de antese da flor ocorreu entre 6:00 e 7:00 da manhã em plantas de folhas largas e 9:00 e 11:00 da manhã em plantas de folhas estreitas. Observou-se também que, quando a duração da antese foi curta, a temperatura foi elevada, enquanto que nos outros dias de observação a temperatura foi entre as 5h00 e as 8h30 na planta de folha larga e entre as 7h00 e as 14h00 na planta de folha estreita. Por conseguinte, a antese começou mais cedo quando a temperatura era baixa, enquanto que uma temperatura mais elevada atrasou a antese e encurtou a duração da antese.

Quadro 4a: Momento e duração da antese em noni (*Morinda citrifolia* L.) [Folha larga]

Sr. Não.	Data de observação	Percentagem de flores abertas em diferentes intervalos									Temperatura		Humidade relativa (%)	
		5.00 A.M.	5.30 A.M.	6:00 A.M.	6.30 A.M.	7:00 A.M.	7.30 A.M.	8:00 A.M.	8.30 A.M.	9.00 A.M.	Maxi-mãe OC	Mini Mum OC	RH I	RH II
1	23/4/09	0	13.04	21.73	26.08	17.42	13.04	8.69	0	0	39.4	17.8	58	14
2	24/4/09	0	11.67	15.56	23.34	19.45	16.37	11.67	1.94	0	39	19.7	62	7
3	25/4/09	0	4.34	21.73	34.78	13.07	17.39	8.69	0	0	39.5	18.5	44	7
4	26/4/09	0	11.76	21.56	23.52	27.45	11.79	3.92	0	0	41	17.6	36	12
5	27/4/09	0	7.84	11.76	29.41	19.6	23.35	6.84	1.2	0	42	18.4	47	11
6	28/4/09	0	11.76	23.52	21.56	15.68	19.64	3.92	3.92	0	42.5	17.9	55	12

7	29/4/09	0	8.69	17.39	26.08	17.41	17.39	13.04	0	0	42	19.9	64	15

Quadro 4b: Momento e duração da antese em noni (*Morinda citrifolia* L.) [Folha estreita]

N.º Sr.	Data da observação	Percentagem de flores abertas em diferentes intervalos											Temperatura		Humidade relativa (%)	
.		5.00 A.M.	6:00 A.M.	7:00 A.M.	8:00 A.M.	9:00 A.M.	10:00 A.M.	11:00 A.M.	12:00 A.M.	1:00 P.M.	2:00 P.M.	3:00 P.M.	Maxi-mãe OC	Mini mum OC	RH I	RH II
1	23/4/09	0	0	0	12.39	16.56	37.19	24.79	4.95	3.3	0.82	0	39.4	17.8	58	14
2	24/4/09	0	0	9.68	9.68	17.71	19.37	21.78	14.52	7.26	0	0	39	19.7	62	7
3	25/4/09	0	0	3.88	11.66	19.44	25.04	5.55	16.66	10.55	7.22	0	39.5	18.5	44	7
4	26/4/09	0	0	0	29.62	14.81	22.25	22.96	6.66	3.7	0	0	41	17.6	36	12
5	27/4/09	0	0	0	9.52	19.04	28.57	19.04	9.59	9.48	4.76	0	42	18.4	47	11
6	28/4/09	0	0	0	7.69	7.69	38.46	23.09	15.38	7.69	0	0	42.5	17.9	55	12
7	29/4/09	0	0	0	11.53	15.38	30.76	23.11	11.53	7.69	0	0	42	19.9	64	15

4.1.5 Deiscência

a. Modo de deiscência

Antes da deiscência, a antera tornou-se brilhante e o início da deiscência foi marcado pelo aparecimento de uma fenda longitudinal no meio do lóbulo da antera. A fenda do lóbulo da antera alargou-se após algum tempo e depois a antera rebentou para libertar uma massa amarela pulverulenta de grãos de pólen. No momento da deiscência, os grãos de pólen exibiam um brilho quando observados com uma lente manual. A deiscência ocorreu após a antese nas flores e nem todas as anteras se desenvolveram ao mesmo tempo. A deiscência foi completada em duas horas a duas horas e meia após a antese. Diferentes estágios de deiscência foram mostrados nas Placas 9 e 10

b. Tempo de deiscência

As observações relativas à hora da deiscência foram registadas durante uma semana, ou seja, de 23rd de abril a 29th de abril de 2009, diariamente em flores abertas de 10 capítulos, com um intervalo de uma hora entre as 6.00 e as 16.00 horas em plantas de folha larga e entre as 6.00 e as 14.00 horas em plantas de folha estreita. Os dados relativos à temperatura e humidade para este período também foram registados e apresentados nos quadros 5a e 5b, juntamente com a deiscência das anteras.

É claro na Tabela-5a e 5b que a deiscência da antera começou após a antese das flores. Em plantas de folhas largas começou depois das 6:00 da manhã e continuou até as 3:00 da tarde e em plantas de folhas estreitas começou depois das 6:00 da manhã e continuou até as 1:00 da tarde. A deiscência das anteras também foi afetada pela temperatura, uma vez que foi necessária uma temperatura comparativamente elevada para a deiscência da antera em comparação com a antese da flor. A deiscência foi máxima na planta de folhas largas depois das 10.00 às 13.00 horas e na planta de folhas estreitas foi depois das 9.00 às 12.00 horas.

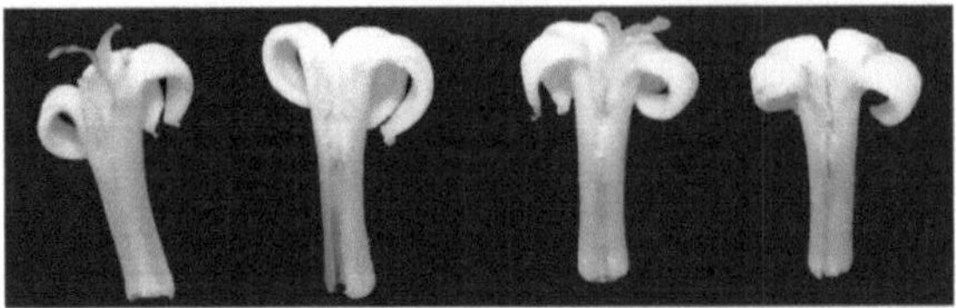

Placa 9: Deiscência da antera em Noni (folha larga)

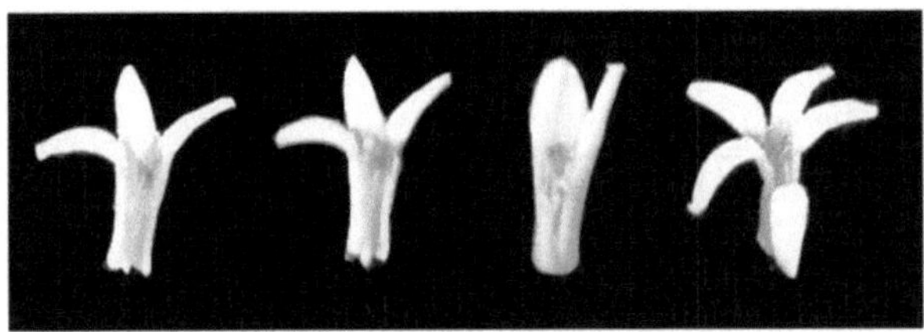

Placa 10: Deiscência da antera em Noni (folha estreita)

Quadro 5a: Tempo e duração da deiscência da antera em noni (*Morinda citrifolia* L.) [Folha larga]

N.º Sr.	Data de observação	Percentagem de anteras deiscentes em diferentes intervalos											Temperatura		Humidade relativa (%)	
		6.00 A.M.	7.00 A.M.	8.00 A.M.	9.00 A.M.	10.00 A.M.	11.00 A.M.	12.00 A.M.	1.00 P.M.	2.00 P.M.	3.00 P.M.	4.00 P.M.	Maxi-mãe OC	Mini mum OC	RH I	RH II
1	23/4/09	0	0	0.63	6.38	16	22.34	25.54	19.15	6.38	3.58	0	39.4	17.8	58	14
2	24/4/09	0	0	4.23	10.16	12.71	21.18	29.66	16.94	5.12	0	0	39	19.7	62	7
3	25/4/09	0	2.36	5.91	8.87	14.79	23.66	24.9	15.38	2.95	1.18	0	39.5	18.5	44	7
4	26/4/09	0	4.54	9.09	12.87	17.42	20.45	22.76	7.57	5.3	0	0	41	17.6	36	12
5	27/4/09	0	0	5.88	8.82	19.11	21.36	23.52	13.23	8.08	0	0	42	18.4	47	11
6	28/4/09	0	0	9.46	14.79	15.97	20.71	23.71	6.5	5.91	2.95	0	42.5	17.9	55	12
7	29/4/09	0	0	9.28	10.71	14.28	25.03	26.42	8.57	5.71	0	0	42	19.9	64	15

Tabela 5b: Tempo e duração da deiscência da antera em noni (*Morinda citrifolia* L.) [Folha estreita]

N.º Sr.	Data de	Percentagem de anteras deiscentes em diferentes intervalos	Temperatura	Humidade

	observação												relativa (%)	
		6.00 A.M.	7.00 A.M.	8.00 A.M.	9.00 A.M.	10.00 A.M.	11.00 A.M.	12.00 A.M.	1.00 P.M.	2.00 P.M.	Maxi- mãe OC	Mini mum OC	RH I	RH II
1	23/4/09	0	0	2.13	10.52	26.31	36.84	18.94	5.26	0	39.4	17.8	58	14
2	24/4/09	0	0	5.74	13.79	22.98	33.36	19.54	4.59	0	39	19.7	62	7
3	25/4/09	0	0	7.89	13.15	21.96	33.33	16.66	7.01	0	39.5	18.5	44	7
4	26/4/09	0	2.04	8.71	15.17	20.53	24.1	20.53	8.92	0	41	17.6	36	12
5	27/4/09	0	0	7.27	10.9	23.63	26.36	21.81	10.03	0	42	18.4	47	11
6	28/4/09	0	3.03	9.49	13.79	22.68	25.81	15.85	9.35	0	42.5	17.9	55	12
7	29/4/09	0	2	11.4	13.15	17.57	28.7	16.66	10.52	0	42	19.9	64	15

4.2 Estudos polínicos

4.2.1Morfologia do pólen

a. Aspeto geral

O grão de pólen é deiscente e aparece como uma massa amarela fina que pode ser facilmente visualizada a olho nu e permanece acumulada na superfície das anteras com dois lóbulos. Uma ligeira fricção contra qualquer superfície ou o toque com os dedos transfere facilmente uma grande quantidade de grãos de pólen. Estes eram pegajosos.

b. Forma e cor do pólen

Ao microscópio, os grãos de pólen recém-desidratados apresentavam uma cor amarela e uma forma principalmente triangular a subesferoidal. Não se observou qualquer alteração da forma em estado seco ou após montagem em óleo de anilina. No entanto, eram triangulares com forma convexa a subesferoidal em água destilada e acetocarmina com três germporos. (Placa-12)

c. Tamanho do pólen

O tamanho dos grãos de pólen foi medido com a ajuda de um micrómetro ocular (10x x 40x) em diferentes meios, nomeadamente água destilada, acetocarina e óleo de anilina. Os dados são apresentados no Quadro 6

Tabela: 6 Tamanho e forma do pólen de noni (*Morinda citrifolia* L.) em diferentes meios

N.º Sr.	Media	Tamanho médio do pólen	Forma
1	Água destilada	32.18 X 28.14	Triangular a sub-heroidal
2	Acetocarmina	29.4 X 27.07	Triangular a sub-heroidal
3	Óleo de anelina	35.13 X 22.14	Triangular a subesferoidal

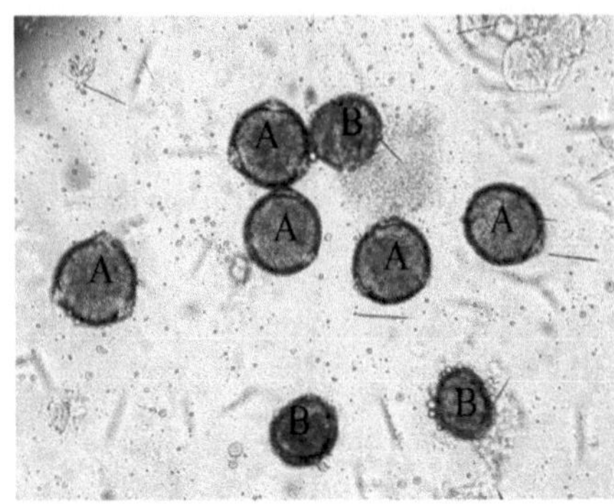

A: Pólen viável B: Pólen não viável

Placa 11 : Fotografia mostrando pólen viável e não viável

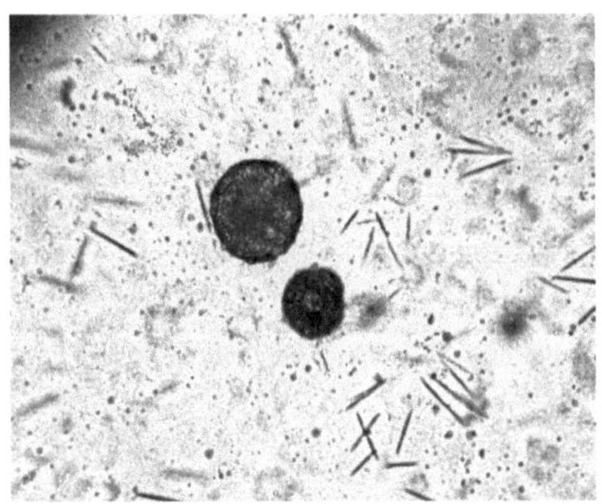

Placa 12 : Forma do grão de pólen de noni em água destilada

O tamanho médio dos grãos de pólen variou nos diferentes meios. Foi de 32,18 x 28,14 μ, 29,4 x 27,07 μ, 35,13 x 22,14 μ em água destilada, acetocarmina e óleo de anilina, respetivamente. A variação no tamanho e na forma do pólen em diferentes meios pode ser devida à sua pressão osmótica diferencial.

Resultados semelhantes foram obtidos por (Katrodia *et al.* 1974), que referiram que o tamanho do grão de pólen era máximo em água destilada, mínimo em óleo de anilina e intermédio em acetocarmina. D'Hondt *et al.* (2004), trabalhando com a tribo Hillieae de Rubiaceae, observaram que o pólen é 3-zonocolporado com uma sexina perfurada, microreticulada, reticulada ou eutectada. Nas duas espécies de Blepharidium, no entanto, o pólen tem uma, quatro ou cinco aberturas.

4.2.2 Viabilidade do pólen

A viabilidade do pólen foi determinada pelo teste de coloração com acetocarmina. Os grãos de pólen corados de vermelho intenso, com aspeto normal ao microscópio, foram considerados viáveis, ao passo que os grãos de pólen murchos e não corados foram considerados não viáveis (placa 11). A cor do pólen inviável não corado era amarela. A viabilidade do pólen foi observada duas vezes com um intervalo de 15 dias e os dados são apresentados no Quadro 7

Foi observado a partir dos dados que a viabilidade do pólen variou de árvore para árvore entre 81,48 e 94,46% e permaneceu consistente em diferentes datas de observação. Isso também é apoiado pelos relatórios de Souza *et al.* (2006) que observaram a viabilidade do pólen de 85,3 a 93,1% em morfos florais longistilos e de 82,5 a 92,6% em diferentes localidades de ipecacuanha. Resultados semelhantes também foram obtidos por Rabindrababu *et al.* (2008) trabalhando com a biologia floral e reprodutiva de Paradise Tree (*Simaraouba glauca* DC.).

Tabela: 7 Viabilidade dos grãos de pólen em noni (*Morinda citrifolia* L.)

Data de observação	Número do centro	Número total de pólen observado	Número de pólen viável	Número de pólen inviável	Percentagem de pólen viável
1/9/09	1	417	358	59	85.85
	2	426	384	42	90.14
	3	482	451	31	93.56
	4	511	447	64	87.47
	5	472	432	40	91.52
	6	506	437	69	86.36
	7	497	405	92	81.48
	8	457	405	52	88.62
	9	537	485	52	90.31
	10	573	510	63	89
16/9/09					
	1	538	475	63	88.29
	2	512	467	45	91.21
	3	542	512	30	94.46
	4	539	463	76	85.9
	5	552	511	41	92.57
	6	544	438	106	80.51

	7	481	396	85	82.33
	8	461	384	77	83.3
	9	441	399	42	90.48
	10	499	466	33	93.39

4.2.3Germinação do pólen e comprimento do tubo polínico

A germinação de grãos de pólen foi estudada em meios artificiais, ou seja, solução de sacarose a 5, 10, 15, 20, 25 e 30 por cento com 0,01 e 0,005 por cento de ácido bórico e sem ácido bórico. Os dados registados relativamente à germinação do pólen e ao comprimento do tubo polínico são apresentados no Quadro 8 e representados nas Figuras 1 e 2

a. Germinação de pólen

Meio de sacarose

A germinação perfeita do pólen foi registada em 5, 10, 15, 20, 25 e 30 por cento de solução de sacarose (Placa-13). A germinação máxima de pólen (20,45 por cento) foi registada em meio com 20 por cento de sacarose, seguida de 19,18 por cento em meio com 15 por cento de sacarose (Fig. 1). A germinação diminuiu à medida que a concentração de sacarose diminuiu de 20 para 5 por cento e aumentou de 20 para 30 por cento (Quadro 8). No geral, observou-se que a solução de sacarose a 20% era o melhor meio para a germinação de pólen.

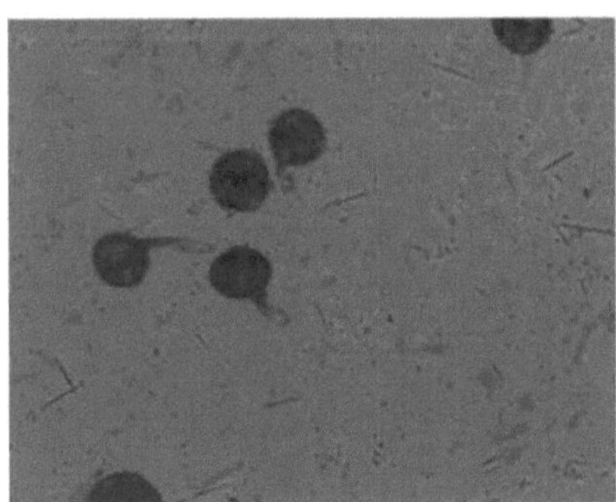

Placa 13 : Polinização em Noni

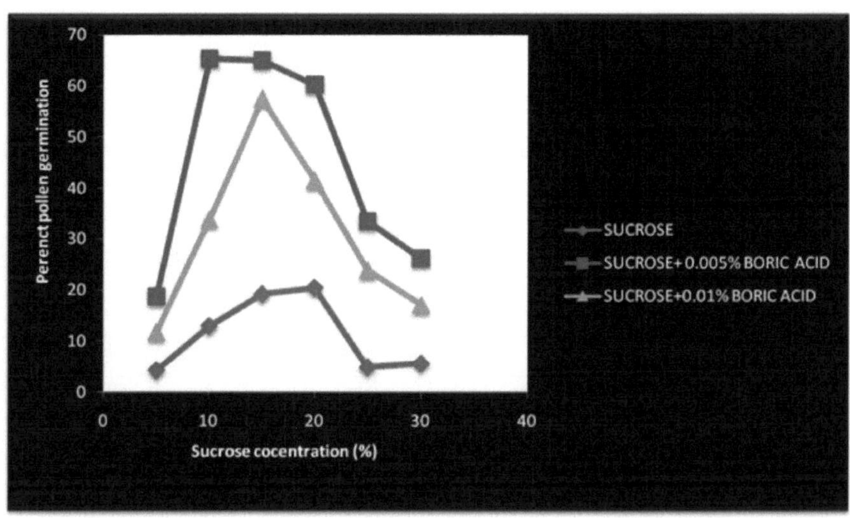

Fig. 1: Efeito da sacarose e da sacarose mais ácido bórico na germinação do pólen de noni

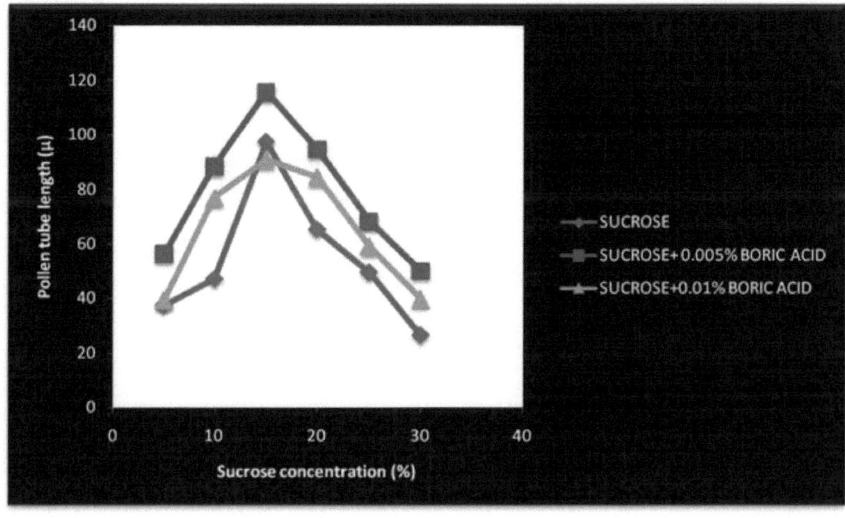

Fig. 2: Efeito da sacarose e da sacarose mais ácido bórico no comprimento do tubo polínico do noni

Tabela 8: Germinação de pólen e comprimento do tubo polínico de noni (*Morinda citrifolia* L.) em diferentes concentrações de sacarose com e sem ácido bórico

Concentração%	Sacarose		Sacarose+ 0,005% de ácido bórico		Sacarose+0,01% de ácido bórico	
	Germinação de pólen	Comprimento do tubo polínico	Germinação de pólen	Comprimento do tubo polínico	Germinação de pólen	Comprimento do tubo polínico
5	4.28	37.49	18.68	56.3	11.69	39.12
10	12.98	47.12	65.34	88.48	33.86	76.88
15	19.18	97.34	65.01	115.72	57.47	90.84
20	20.45	65.4	60.17	94.72	41.47	84.39
25	4.92	49.57	33.45	68.27	23.86	59.06
30	5.62	26.6	26.17	50.1	17.06	39.83

Sacarose com meio de ácido bórico

Com a adição de 0,005 por cento de ácido bórico ao meio de germinação, houve um aumento na germinação do pólen, atingindo um máximo de 65,34 por cento em 10 por cento de solução de sacarose, seguido de 65,01 e 60,17 por cento em 15 e 20 por cento de solução de sacarose, respetivamente. Enquanto a germinação máxima foi de 57,47% em solução de sacarose a 15% contendo 0,01% de ácido bórico (Tabela-8 e Fig-1). No entanto, diminuiu com 0,005% de ácido bórico + a concentração de sacarose diminuiu de 10 para 5 por cento e aumentou de 15 para 30 por cento. O ácido bórico a 0,01% com concentração de sacarose diminuiu de 15 para 5% e também aumentou de 15 para 30%. O ácido bórico em todas as concentrações (0,005 e 0,01 por cento) em combinação com sacarose provou ser mais eficaz no aumento da germinação do pólen. Uma concentração mais elevada de ácido bórico não aumentou a germinação em comparação com uma concentração mais baixa. A germinação máxima foi obtida com a concentração mais baixa de ácido bórico. A germinação máxima foi obtida com a concentração mais baixa de ácido bórico (0,005 por cento).

b. Comprimento do tubo polínico

Os dados relativos ao comprimento do tubo polínico são apresentados no Quadro-8 e representados na Fig-2.

Meio de sacarose

O comprimento médio do tubo polínico foi máximo (97,34 µ) em solução de sacarose a 15 por cento (Tabela-8 e Fig-2), enquanto foi mínimo (26,6 µ) em solução de sacarose a 30 por cento.

Sacarose com meio de ácido bórico

Em meio de sacarose + ácido bórico, o comprimento médio máximo do tubo polínico de 115,72 μ e 90,84 μ foi registado em solução de sacarose a 15 por cento com adição de 0,005 e 0,01 por cento de ácido bórico, respetivamente, enquanto foi mínimo 50,1 μ em solução de sacarose a 30 por cento com 0,005 por cento de ácido bórico e 39,12 μ em solução de sacarose a 5 por cento com 0,01 por cento de ácido bórico. A Tabela 8 e a Fig. 2 mostram claramente que a adição de ácido bórico à solução de sacarose aumentou o comprimento do tubo polínico; no entanto, a adição de ácido bórico a uma concentração baixa (0,005 por cento) aumentou o alongamento do tubo polínico em maior medida. Os resultados estão em conformidade com os de Hirenath *et al.* (1996), que relataram que a percentagem máxima de germinação de pólen foi observada em solução de sacarose a 15% com 200 ppm de ácido bórico em *Simaraouba glauca.* Isso também é apoiado por Joshi e Joshi (2002), que relataram que cerca de 90% do pólen germinou em meio artificial com uma combinação de 15% de sacarose e 200 ppm de ácido bórico em *Simaraouba glauca.*

4.3 Recetividade ao estigma

Em *Morinda citrifolia,* o estigma era do tipo bífido e estava localizado na extremidade distal do ovário monocarpelar. O estigma tornou-se verde-escuro, húmido, brilhante, lustroso e pegajoso na altura da antese quando examinado com uma lente manual, indicando assim que estes estavam receptivos na altura da antese. A recetividade estigmática durou 12 a 15 horas após a abertura da flor.

Em *Cephalanthus occidentalis* L. o pólen apresenta-se secundariamente na superfície do estigma. Os estigmas não eram receptivos inicialmente, mas tornaram-se receptivos no segundo dia após a abertura da flor, como relatado por (Imbert e Richards, 1993). As presentes constatações estão em estreita confirmação com o relatório acima referido.

4.4 Biologia da reprodução

4.4.1Modo de polinização e relação flor/fruto

Devido à variação na copa das plantas, foram marcadas 125 inflorescências de 10 plantas de folha larga e 55 inflorescências de folha estreita em 10 plantas. Das quais 51 e 33 inflorescências de plantas de folha larga e estreita, respetivamente, foram ensacadas e as restantes foram marcadas. O capitulo e o fruto maduro foram observados em ambos os casos. É claro a partir da Tabela-9a e 9b que houve frutificação na inflorescência ensacada, indicando que *Morinda citrifolia* é uma espécie autopolinizada, o que é observado em ambos os tipos de planta, mas a expressão de heterostilia e a ocorrência de abelhas sugerem a possibilidade de outcrossing. Os resultados actuais estão de acordo com Nelson (2003), que referiu que o noni é autopolinizado.

Placa 14 : Abelhas visitando flores de noni

4.4.2Desenvolvimento dos frutos

Foram marcados 50 frutos por minuto e o número de dias necessários para atingir a maturidade foi registado e apresentado nos quadros 10a e 10b

Pode ver-se no quadro 10 que os frutos de noni demoraram cerca de 46 a 50 dias e 59 a 65 dias para as plantas de folha larga e estreita, respetivamente. Dos 50 frutos marcados, apenas 41 e 39 frutos atingiram a maturidade nas plantas de folhas largas e estreitas, respetivamente. É evidente nas Placas 15 e 16 que os frutos aumentam rapidamente de volume até cerca de um mês depois da fertilização até esta fase.

No noni, o ovário é inferior, estreitamente abovóide, a placenta é reduzida e um óvulo por lóculo está basicamente inserido. O fruto é um sincarpo globoso densamente agrupado e carnudo. As sementes são verticais, de tamanho médio, ovóides a obovóides ou reniformes sem asas no género *Morinda*, o que está de acordo com Mathivanan *et al.* (2005)

Frutos de muitas bagas agregadas numa cabeça carnuda, de forma irregular, glaucos, verde pálido, esbranquiçados quando maduros; sementes ovóides, testa membranosa, endosperma carnudo. O fruto é branco-esverdeado a amarelo-pálido e os frutos carnudos são sincarpos ovóides ou globosos, com 5 a 13 cm de comprimento e um número de sementes de cerca de 4 mm. As características morfológicas que unem as espécies num só género incluem sincarpos ou capitulos (frutos agregados) formados a partir de ovários parcialmente conados e tricolporados. O sincarpo pode ser carnudo e cada sincarpo é provavelmente derivado da condensação de umbelas de flores separadas. Os resultados do estudo sobre o crescimento e o desenvolvimento de *Morinda citrifolia* em termos de crescimento do fruto podem ser divididos em três fases, nomeadamente, fase I, II e III. Observou-se que o crescimento geral do fruto foi lento durante as fases I e III, o que pode ser atribuído à divisão celular (fase I) e ao atraso do crescimento do pericarpo devido ao rápido endurecimento do endocarpo (fase III). O crescimento rápido e a formação e desenvolvimento de sementes foram observados na fase II. (Singh *et al.* 2007)

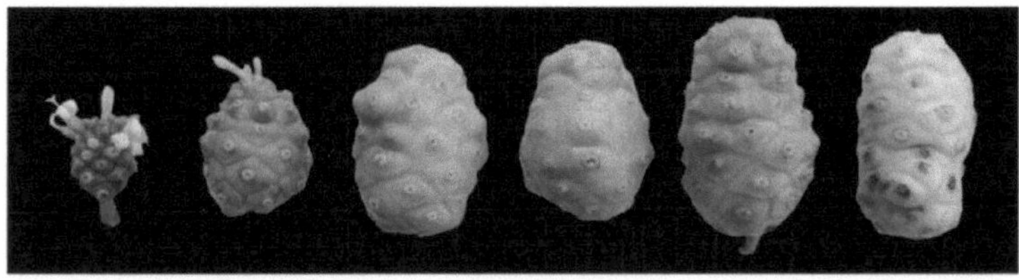

Placa 15 : Diferentes fases de desenvolvimento do fruto em Noni (folha larga)

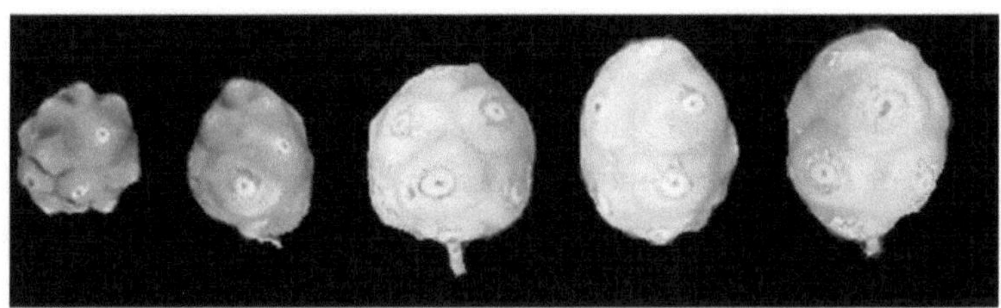

Placa 16 : Diferentes estágios de desenvolvimento do fruto em Noni (folha estreita)

4.4.3Número de frutos por planta

As observações relativas ao número de frutos por planta foram registadas em 10 plantas seleccionadas, tanto de plantas de folha larga como de folha estreita. O número de frutos foi de 10 a 90 por planta em plantas de folha larga, seguido de 15 a 35 em plantas de folha estreita. Houve uma variação moderada a alta no número de frutos devido à variação na copa da planta. Os resultados obtidos são apresentados no Quadro 12.

4.4.4Volume do fruto, peso do fruto e número de sementes por fruto

As observações relativas ao volume dos frutos, ao peso dos frutos e ao número de sementes por fruto foram registadas em 10 frutos seleccionados em cada uma das 10 plantas de ambos os tipos de plantas. Os resultados obtidos são apresentados nos quadros 11a e 11b.

É óbvio, a partir do Quadro 11a e 11b, que o volume do fruto do noni variou de 12 a 35 ml e de 3 a 20 ml, com uma média de 23,8 e 8,6, respetivamente, nas plantas de folha larga e de folha estreita, e que o peso do fruto foi de 15,04 a 32,46 gm e de 2,64 a 18,83 gm, com uma média de 22,94 e 7,001 gm, em ambos os tipos de plantas. O número de sementes variou de 137 a 295 e de 18 a 173 com a média de 208 e 63,64 em ambos os tipos de plantas. A variação observada para estas características em 10 plantas estudadas pode ser atribuída à sua variação genotípica individual.

4.4.5Teor de óleo

Uma leitura dos dados (Tabela-13) revelou que o teor de óleo na amêndoa de noni variou de 2,16 a 2,73 por cento da semente. A variação de planta para planta não é muito elevada. Os resultados actuais estão de acordo com West *et al.* (2008).

4.4.6Germinação de sementes

Foram utilizadas 100 sementes frescas para a germinação, com a ajuda de um corta-unhas vulgar, tendo-se retirado a ponta da parte cónica da pá da semente de noni para criar uma abertura minúscula e cortada no revestimento bicamada da semente. Teve-se o cuidado de não cortar demasiado a pá e danificar o embrião. Para a germinação, foi utilizado papel de germinação húmido, solo e meio MS. As sementes germinadas foram contadas após um intervalo de 5 dias. No papel de germinação húmido e no meio de solo houve muito pouca ou nenhuma germinação, enquanto no meio MS houve germinação após 45 a 58 dias. Devido às condições ambientais, as sementes não foram capazes de se desenvolver perfeitamente com o embrião. Por conseguinte, a germinação das sementes foi muito baixa, até 4 a 8 por cento na planta de folha larga e na planta de folha estreita não houve germinação.

4.5 . Floração e frutificação anuais

As observações relativas à percentagem de floração e de frutificação ao longo do ano foram efectuadas e os dados foram analisados no quadro 14 e apresentados na figura 3. A percentagem mais elevada de floração ocorre de junho a setembro e muito menos no mês de dezembro, não havendo floração em janeiro e fevereiro, ao passo que a percentagem de frutificação é mais elevada no mês de janeiro, seguida de fevereiro, março, dezembro, novembro e outubro, e mínima em maio e junho. A flutuação na floração e frutificação deve-se ao efeito ambiental. Estes resultados estão de acordo com Nelson (2003).

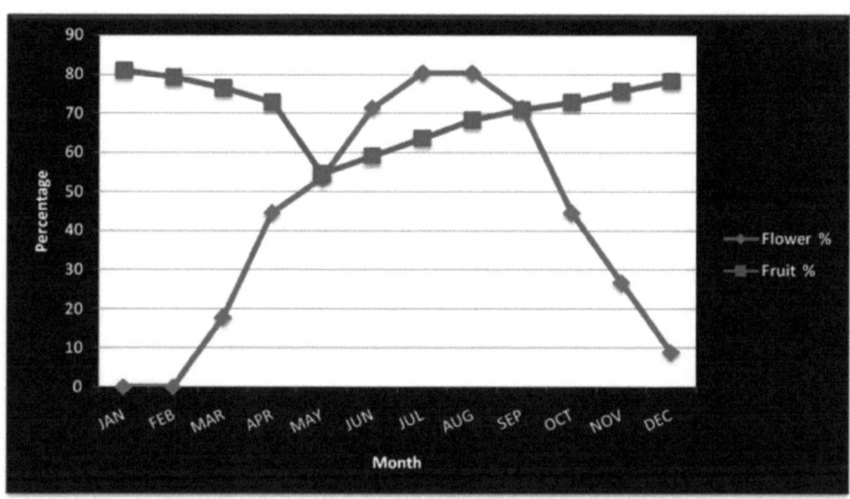

Fig. 3: Percentagem de floração e frutificação ao longo do ano

CAPÍTULO - V

RESUMO E CONCLUSÃO

Investigações sobre a biologia floral e reprodutiva do noni (*Morinda citrifolia* L.) foram realizadas durante 2008-09 no Centro de Culturas Forrageiras Agroflorestais e Cinturões Verdes, S.D. Agricultural University, Sardarkrishinagar. Os resultados obtidos são resumidos a seguir:

1. A floração do noni é contínua durante todo o ano, mas nos meses de janeiro e fevereiro a floração é muito reduzida ou nula. A partir do mês de março, a floração aumenta. O período de pico da floração ocorre nos meses de julho e agosto. Depois disso, a intensidade da floração diminui. Observou-se que a flutuação na floração é devida a efeitos ambientais.

2. As flores bissexuais do noni estavam dispostas em espigas solitárias ou em panículas terminais constituídas por 1 ou 2 capítulos.

3. As flores são bissexuais com 5 estames livres, ovário monocarpelar, estilo filiforme e estigma truncado bífido com depressão central. Inicialmente eram branco-esverdeadas e finalmente tornaram-se amarelas.

4. O desenvolvimento do capitulo foi completado em 50 a 58 dias para as folhas largas e 71 a 78 dias para as folhas estreitas.

5. O volume do capitulo do noni variou entre 0,35 e 2 ml na planta de folha larga e 0,35 e 1,5 ml na planta de folha estreita.

6. A cronologia da abertura das flores no capitulo foi muito sistemática. O botão inferior do capitulo, ou seja, os botões mais velhos, abrem primeiro e são seguidos pelos botões seguintes. A antese no capitulo completou-se em 22 a 25 dias nas plantas de folha larga e 32 a 36 dias foram necessários para completar a antese no capitulo nas plantas de folha estreita.

7. A antese começou a partir das 5h30 e continuou até às 8h30 nas plantas de folha larga e das 7h00 às 14h00 nas plantas de folha estreita. A antese começou mais cedo quando a temperatura era baixa, mas a temperatura alta resultou em antese atrasada e duração mais curta da antese.

8. A deiscência das anteras foi marcada por fendas longitudinais no meio do lóbulo da antera. Começou depois das 6:00 da manhã e continuou até às 15:00 em plantas de folhas largas e depois das 6:00 da manhã e continuou até às 13:00 em plantas de folhas estreitas. A deiscência começou mais cedo quando a temperatura era alta, enquanto no dia de baixa começou tarde e terminou mais cedo.

9. Os grãos de pólen eram de cor amarela, de forma prolata a subesferoidal. Não se observaram

alterações de forma em estado seco ou após montagem em óleo de anilina. No entanto, eram triangulares, convexos a subesferoidais em água destilada e acetocarmina, com três germporos. O tamanho dos grãos de pólen foi de 32,18 x 28,14 μ, 29,4 x 27,07 μ, 35,13 x 22,14 μ em água destilada, acetocarmina e óleo de anilina, respetivamente.

10. A partir dos dados, observou-se que a viabilidade do pólen variou de árvore para árvore entre 81,48% e 94,46% e permaneceu consistente em diferentes datas de observação.

11. A germinação máxima de pólen (20,45 por cento) e o comprimento do tubo polínico (97,34 μ) foram registados em 20 e 15 por cento de solução de sacarose apenas, respetivamente. A solução de sacarose a 10 por cento de concentração com 0,005 por cento de ácido bórico resultou em germinação máxima (65,34 por cento) e comprimento do tubo polínico (115,72 μ) com 15 por cento de solução de sacarose com adição de 0,005.

12. O estigma estava recetivo na altura da antese. A recetividade estigmática manteve-se durante todo o dia e durou 12 a 15 horas após a abertura da flor.

13. Registou-se uma frutificação em inflorescências ensacadas. Foram encontradas abelhas (*Apis floraea* e *Apis dorsata*) nas flores, que podem ser agentes de polinização cruzada.

14. Os frutos de noni atingiram a maturidade em 46 a 50 dias e 59 a 65 dias para as plantas de folha larga e de folha estreita, respetivamente.

15. O número de frutos foi de 10 a 90 por planta em plantas de folhas largas, seguido de 15 a 35 em plantas de folhas estreitas. Houve uma variação moderada a alta no número de frutos devido à variação na copa da planta.

16. O volume do fruto do noni variou de 12 a 35 ml e de 3 a 20 ml nas plantas de folhas largas e estreitas, respetivamente, e o peso do fruto foi de 22,94 e 7,001 gm nas plantas de folhas largas e estreitas, respetivamente. O número de sementes variou de 137 a 295 e de 18 a 173, com a média de 208 e 63,64 nas plantas de folhas largas e estreitas, respetivamente.

17. O teor de óleo na amêndoa de noni variou de 2,16 a 2,73 por cento.

18. As sementes de noni germinam em 45 a 60 dias em meio MS.

19. A percentagem mais elevada de floração ocorreu de junho a setembro e muito menos no mês de dezembro, não tendo havido floração em janeiro e fevereiro, ao passo que a percentagem de frutificação foi mais elevada no mês de janeiro, seguida de fevereiro, março, dezembro, novembro e outubro, e mínima nos meses de maio e junho.

REFERÊNCIA

Amici, G.B. (1824). Observações microscópicas sobre diferentes espécies de plantas. Ann. Nat. Bot., **3:** 6567 (*c.f.*: Advance in pollen spore research (1974), **1**: 21-30).

Brown, W.H. (1946). Plantas úteis das Filipinas. Vol.3 (Tech. Bull. 10) Phil. Departamento Agrário e Comunitário, Manila.

Cardoso de Castro, Cibele e Cardoso A.(2004), Andrea Polinizadores distintos e seqüenciais de *Psychotria nuda* (Rubiaceae) na Mata Atlântica, Brasil. *Sistemática e Evolução de Plantas,* **244**, (3-4), 131-139.

Cribb, A.B. e Cribb, J.W. (1975). Wild foods in Australia. William Collins, Pty. Ltd., Sydney, Austrália.

D'Hondt,C., Schols, P., Huysmans, S., Smets (2004) Systematic relevance of pollen and orbicule characters in the tribe Hillieae (Rubiaceae). *Bot. J. Linnean-Society*; **146**(3):303-321

Erdtman, G. (1952). Pollen morphology and taxonomy, Almgvist & Wilksells, Uppsala.

Guppy, H.B. (1917). Plants, Seeds and Currents in the West Indies and Azores (Plantas, sementes e correntes nas Índias Ocidentais e nos Açores). Williams and Norgate, Covenant Garden, Londres, Reino Unido.

Hayden, M.V., Dwyer, J.D. (1969). Morfologia da semente na tribo Morindeae (Rubiaceae). Boletim do Torrey Botany Club 96(**6**), 704-710.

Hirenath , S.R., Joshi, S., Shambuingappa, K.G. (1996) Floral biology of *Simarouba glauca* DC an oil seed tree. *J. Oilseed Res.,* **13 :** 1,93-96.

Imbert, F.M., Richards, J.H. (1993) Protandria, incompatibilidade e apresentação secundária do pólen em *Cephalanthus occidentalis* (Rubiaceae). *Amer. J. Bot.* **80**(4): 395-404.

Joshi, S e Joshi, S (2002). Árvore oleaginosa Simarouba . Universidade de Agril. Sciences, Bangalore e National Oilseeds and Vegetable Oil Development Board, Guragon, pp. 1-13

Jost, L. (1906). Zur Physiologichee des pollen. *Ber. Deutch Bot.,* **23** : 504-515.

Katrodia, J.S., Prem Nath e Dutta, O.P. (1974). Estudos sobre a biologia floral em pais F1, F2 e geração de cruzamento posterior em *Citrullus lanatus* Thumb Mansf, *Indian J. Hort.*, **31**(1): 56-65

Little,E.L, Jr e F.H.Wadsworth. (1964). Árvores comuns de Porto Rico e das Ilhas Virgens. Agriculture Handbook 249. Departamento de Agricultura dos EUA, Serviço Florestal, Washington, DC. 548 p.

Mathivanan N., Surendiran G., Srinivasan K., Sagadevan E. e Malarvizhi K., (2005). Revisão do cenário atual da investigação sobre o Noni: distribuição taxonómica, química, valores medicinais e terapêuticos da *Morinda citrifolia. Intl. J. Noni Res.* **1**(1)

Mehta, S. L. e Lodha, M. L. (1979). Laboratory Manual on Assessment of grain quality. Nuclear Res., Laboratory, New Delhi

Morton, J. (1992). The ocean-going noni, or Indian Mulbery (*Morinda citrifolia*, Rubiaceae) and some of its colourful relatives. *Botânica Económica* 46: 241-256.

Munzner, R (1960). Investigações sobre a fisiologia da germinação do pólen e do crescimento do tubo, com especial atenção ao efeito do ácido bórico. *Biol. Zentralbl.,* **79** (1): 59-84

Murray, B.G. (1989). Heterostyly and Pollen-tube Interactions in *Luculia gratissima* (Rubiaceae) Department of Botany, University of Auckland Private Bag, Auckland, New Zealand

Natarajan , A.T. (1957). Estudos sobre a morfologia dos grãos de pólen. *Tubifloae phyton*, **8:** 21-42

Nelson, S.C. (2003). Actas da Conferência sobre o Noni do Havai de 2002. Universidade do Hawaii CTAHRCooperative Extensive Service Proceedings P-1/03, Universidade do Hawaii, Honolulu, Hawaii.

Nelson, S.C. (2006). *Morinda citrifolia* (noni) Rubiaceae (família do café). Perfis de espécies para a Agroflorestação das Ilhas do Pacífico (www.traditionaltree.org)

Piedade Kiill, L.H; Ranga, N.T. (2003). Biologia floral e sistema reprodutivo de *Manettia inflata* Sprague (Rubiaceae) na região de Goioré, estado do Paraná, Brasil. Boletim do Herbário Ezechias Paulo Heringer . **12**: 4256.

Rabindrababu, Y, Joshi, V, e Patel B.M. (2008). Biologia floral e reprodutiva da árvore do paraíso (*Simarouba glouca* .DC) Jornal de produtos não madeireiros. **15**(2): 123-126.

SanMartin Gajardo, I, Morellato, L.P.C. (2004). Variação inter e intra-específica na fenologia reprodutiva de Rubiaceae da Mata Atlântica brasileira: ecologia e restrições filogenéticas. Revista-de-Biologia-Tropical.

Silva, L.P., Vinecky, F., Barbosa, E.A., Andrade, A.C., Bloch Junior, C. (2006). Espectrometria de massa por imagem como uma ferramenta inovadora para estudar o desenvolvimento de frutos de café. 21ª Conferência Internacional sobre Ciência do Café, Montpellier, França, 11-15; 173-178

Singh, D.R, Shrivastava, R.C, e Damodaran, T (2007). Estudos sobre as fases de crescimento e desenvolvimento de frutos de *Morinda citrifolia* L.. *Noni search, segundo simpósio*.pp53.

Souza, M.M., Martins, E.R., Pereira, Oliveira T.N.S., (2006) Estudos reprodutivos em ipeca

(*Cephaelis ipecacuanha* (Brot.) A. Rich; Rubiaceae): Comportamento meiótico e viabilidade polínica. Brazilian-Journal-of-Biology; PB: São Carlos, Brasil: Instituto Internacional de Ecologia. **66**(1A): 151-159

Tun, U Kyaw, Than, U Pe, e pessoal do TIL (2006) Base de dados de plantas medicinais do TIL Myanmar Família: Rubiaceae

Wang MY, West BJ, Jensen CJ, Nowicki D, Chen SU, Palu AK, Anderson G. (2002) *Morinda citrifolia* (Noni) A literature review and recent advances in Noni research. *Ata Pharmacologica Sinica,* **23**(12):1127-1141

West, B. J.; Jarakae Jensen, Claude1; Westendorf, Johannes (2008).A new vegetable oil from noni (*Morinda citrifolia*) seeds, *International Journal of Food Science & Technology*, **43**(11): 1988-1992

APÊNDICE-I

Temperatura mensal, humidade relativa, precipitação e velocidade do vento durante o decurso do inquérito. (Ano: 2009)

Mês	Temperatura			Humidade relativa	Precipitação	Velocidade do vento (km/h)
	Máximo	Mínimo	Média	(percentagem)	(mm)	
janeiro	27.6	11.4	19.5	51.3	0	4.7
fevereiro	31.2	12.6	21.9	46.7	0	4.1
março	35.8	16.6	26.2	41.7	0	4.4
abril	39.0	18.7	28.9	35.8	0	4.8
maio	40.6	23.5	32.1	53.5	0	8.4
junho	39.1	25.1	32.1	55.5	10.9	11.0
julho	34.3	24.3	29.3	74.9	299.3	8.9
agosto	33.7	23.6	28.7	73.1	78.4	7.5
setembro	35.5	21.8	28.7	64.8	3.0	4.8
outubro	36.5	16.6	26.6	50.5	0	3.6
novembro	32.5	12.3	22.4	49.8	0	3.2
dezembro	29.2	9.1	19.2	57.9	0	3.1
Média	35.2	19.7				5.7
Total					393.6	

Printed by Books on Demand GmbH, Norderstedt / Germany